BEI GRIN MACHT SICH IHR WISSEN BEZAHLT

- Wir veröffentlichen Ihre Hausarbeit, Bachelor- und Masterarbeit

- Ihr eigenes eBook und Buch - weltweit in allen wichtigen Shops

- Verdienen Sie an jedem Verkauf

Jetzt bei www.GRIN.com hochladen und kostenlos publizieren

Björn Schifferdecker

Panel-Untersuchungen zu Kindern und Jugendlichen

GRIN Verlag

Bibliografische Information der Deutschen Nationalbibliothek:

Die Deutsche Bibliothek verzeichnet diese Publikation in der Deutschen National-
bibliografie; detaillierte bibliografische Daten sind im Internet über http://dnb.d-
nb.de/ abrufbar.

Impressum:

Copyright © 2009 GRIN Verlag GmbH
Druck und Bindung: Books on Demand GmbH, Norderstedt Germany
ISBN: 978-3-640-28489-4

Dieses Buch bei GRIN:

http://www.grin.com/de/e-book/123345/panel-untersuchungen-zu-kindern-und-
jugendlichen

GRIN - Your knowledge has value

Der GRIN Verlag publiziert seit 1998 wissenschaftliche Arbeiten von Studenten, Hochschullehrern und anderen Akademikern als eBook und gedrucktes Buch. Die Verlagswebsite www.grin.com ist die ideale Plattform zur Veröffentlichung von Hausarbeiten, Abschlussarbeiten, wissenschaftlichen Aufsätzen, Dissertationen und Fachbüchern.

Besuchen Sie uns im Internet:

http://www.grin.com/

http://www.facebook.com/grincom

http://www.twitter.com/grin_com

Ruprecht-Karls-Universität

Panel-Untersuchungen
zu Kindern und Jugendlichen

Referat im Rahmen des Seminars:

„Zur Lebenssituation von Kindern und Jugendlichen"

Wintersemester 2008/09

Björn Schifferdecker
Fachrichtung: VWL-Diplom

1

Inhaltsverzeichnis

Abkürzungsverzeichnis

ALLBUS	Allgemeine Bevölkerungsumfrage der Sozialwissenschaften
ALSPAC	Avon Longitudinal Study of Pregnancy and Childhood: Studie in Großbritanien, baut auf der European Longitudinal Study of Pregnancy and Childhood (ELSPAC) auf
CAPI	Computer Assisted Personal Interview: Methodenansatz zur Befragung
CATI	Computer Assisted Telephone Interview: Methodenansatz zur Befragung
CDS	Child Development Supplement
DJI	Deutsches Jugendinstitut
ELEM	Etude Longitudinal de Experimental the Montreal: Studie in Kanada, auch: Longitudinal and Experimental Study of low socio-economic status boys in Montreal
FFM	Five Factor Model: Umfasst die Persönlichkeit in 5 Dimensionen
HRDC	Human Resources Development Canada
IST-2000R	Intelligence Structure Test: Test zur Erfassung figuraler und numerischer Fähigkeiten
NEPS	German National Education Panel Study (in Planung)
PSID	Panel Study of Income Dynamics
SDQ	Strength and Difficulties Questionaire: Test zum Sozialverhalten
SOEP	Sozioökonomisches Panel
VSMS	Vineland Social Maturity Scale: Entwicklungstest zur sozialen Kompetenz

Tabellen- und Diagrammverzeichnis

Teil I: Einleitung

Ein andauernder Wechsel in der Betrachtungsweise des Untersuchungsobjektes

„Die ahistorische, individualistisch und teleologisch geprägte Rahmentheorie von Sozialisation und Entwicklung, die Kinder mehr durch ihr Werden als durch ihr Dasein definiert, hat andere soziologische Zugangsweisen zu Kindheit und Erwachsenheit weitgehend verstellt" [1]

(Thorne, Barrie: Putting a Price on Children)

Lange Zeit stand bei der Untersuchung der Lebenssituation von Kindern und Jugendlichen die Perspektive der Eltern im Vordergrund. Daten durch Befragungen über Eltern zu sammeln bedeutete implizit, sich nicht in die Situation der Heranwachsenden zu versetzen sondern weitestgehend die Lebensumstände der Familie auf die Kinder selbst zu projizieren, was jedoch keinesfalls deren (subjektives) Wohlbefinden selbst abbilden lässt. Vor den 80er Jahren des letzten Jahrhunderts gab es international vereinzelt Längsschnittstudien, die diese Schwäche nicht aufwiesen, bei denen jedoch nur mangelhafte Repräsentativität oder Vergleichbarkeit mit der Bundesrepublik Deutschland gegeben waren. Auch die lang anhaltende Sichtweise der amtlichen Statistik, die rein auf Haushalte fokussiert war, gab den Sozialwissenschaften nicht die Möglichkeit, dem Thema Daten mit der notwendigen Tiefe zur Verfügung zu stellen [2].

Die Sozialökologie nennt unter direkt und indirekt auf die Entwicklung einwirkende Faktoren das Mikrosystem (Familie), das Mesosystem (Peers), das Exosystem (das Erziehungsverhalten prägende Umfeld der Familie) und das Makrosystem (die Strukturen, Normen und Ideologien der Gesellschaft) [3]. Um

---

[1] Thorne, Barrie (1985). Putting a Price on Children, in: *Contemporary Sociology.* 14/6, S. 696
[2] Vgl. Alt, Christian/Schneider, Susanne/Steinhübl, David (2004): Das DJI-Kinderpanel – Theorie, Design und inhaltliche Schwerpunkte, in: *Zeitschrift für Familienforschung,* Heft 2/2004, S. 102
[3] Vgl.: Alt, Christian (2005): Das Kinderpanel – Einführung, in: Alt, Christian (Hrsg.): *Kinderleben – Aufwachsen zwischen Familie, Freunden und Institutionen, Band 1: Aufwachsen in Familien,* Wiesbaden, S. 13

5

prospektive Aussagen über die zukünftigen Lebenslagen der Heranwachsenden treffen zu können, müssen darüber hinaus psychische und physische Gesundheit, Bildung, sozioökonomische Ausgangssituation und die subjektive Lebenslage sowie Veränderungen im Längsschnitt hinreichend genau abgebildet werden. Dies bildet eine Grundlage, um Rückschlüsse der Entwicklung auf einzelne verursachende Kontextfaktoren schließen zu können.

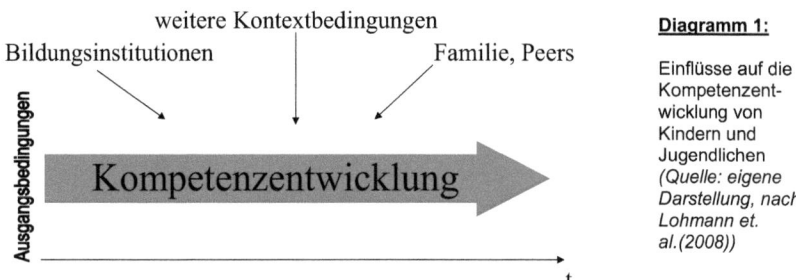

Diagramm 1:

Einflüsse auf die Kompetenzent-wicklung von Kindern und Jugendlichen *(Quelle: eigene Darstellung, nach Lohmann et. al.(2008))*

Die späten, noch immer andauernden Anpassungsprozesse des SOEP führten dazu, dass sich inzwischen auch andere Erhebungen im deutschsprachigen Raum etablieren konnten. Somit gibt es heute viele frei zugängliche Studien aus den Bereichen der Erziehungswissenschaft, der soziologischen Familienforschung und der psychologischen Entwicklungsforschung, die sich auf unterschiedliche Fragestellungen spezialisieren[4]. Bei nahezu allen Studien, die auf unserem Bundesgebiet durchgeführt wurden, handelt es sich leider um regional begrenzte. Somit sind die heutigen Anpassungsprozesse der amtlichen Statistik noch immer entscheidungsrelevant für in Zukunft durchgeführte Untersuchungen, bildet sie doch eine wichtige, allgemein repräsentative Stichprobe ab.

---

[4] Vgl.: Lohmann, Henning/Spieß, C. Katharina/Groh-Samberg, Olaf et al. (2008): Analysepotenziale des Sozio-oekonomischen Panels (SOEP) für die empirische Bildungsforschung, Berlin, S. 3-6

Teil II: Methodik

II.1 Panel-Untersuchungen als Forschungsdesign der empirischen Sozialforschung

Zu der wichtigsten Festlegung in der Konzeptspezifikation eines Forschungsprojektes gehört die Festlegung eines Untersuchungsdesigns und somit die Wahl der Untersuchungsobjekte, Häufigkeit und Zeitpunkt der Datenerhebung und ferner die Datenanalysetechnik. Ausschlaggebend hierfür ist die „Erwünschtheit der Eigenschaften der (...) Untersuchungsform"[5], Beschaffenheit der Untersuchungsobjekte selbst und nicht zuletzt auch Kosten-Nutzen-Aspekte.

Als Panel-Analysen werden Untersuchungen bezeichnet, bei denen bei gleich bleibenden Personen und Variablen bei einer konstanten Operationalisierungsmethode Aggregate über einen längeren Zeitraum zwei Mal oder häufiger erfasst werden[6,7]. Darüber hinaus werden bei den meisten Befragungspanels auch wechselnde Themen behandelt, da durch die konstante Teilnehmerschaft Vorkenntnisse über die einzelnen Individuen bestehen[8]. Werden diese Variablen nur einmalig erfasst, weisen sie einen Querschnittcharakter auf. Panel-, Kohorten- und Trend-Studien sind spezielle Formen der Längsschnittanalyse. In Trendstudien wie z.B. der Shell Jugendstudie werden bei den unterschiedlichen Erhebungen verschiedene Personen erfasst. Bei Kohortenstudien handelt es sich um eine besondere Form der Panelstudie. Sie betrachten einen bestimmten Personenkreis, bei dem zum selben Zeitpunkt ein bestimmtes Ereignis eingetreten ist wie z.B. in unserem Fall die eigene Geburt oder die Einschulung[9]. Panels mit einer längeren Laufzeit gewähren auch die Möglichkeit dieser Analyse und vermeiden einen

---

[5] Schnell, Rainer/Hill, Paul B../Esser, Elke (2005): Methoden der empirischen Sozialforschung, München, S.12

[6] Vgl.: Lazarsfeld, Paul Felix (1962): Die Panel Befragung, in: König, René (Hrsg.): *Das Interview*, 3. Aufl., Köln, S. 253

[7] Vgl.: Galtung, Johan (1967): Theory and Methods of Social Research, Oslo, S. 85

[8] Vgl.: Günter, Martin/Vossebein, Ulrich/Wildner, Raimund (1998): Marktforschung mit Panels: Arten – Erhebung – Analyse – Anwendung, Wiesbaden, S. 5

[9] Vgl.: Ryder, Norman B. (1968): Cohort Analysis, International Encyclopedia of the Social Sciences, New York, S. 546

7

Selektionseffekt, der aus der Notwendigkeit des Erreichens des Erhebungszeitpunktes besteht[10]. Fasst man Längs- und Querschnittsanalysen zusammen, spricht man von Ex-post-facto-Anordnungen, da es sich um nicht-experimentelle Studien handelt, die meist unabhängige und abhängige Variablen nachträglich mit Hilfe des Survey-designs oder durch Beobachtung sammeln.

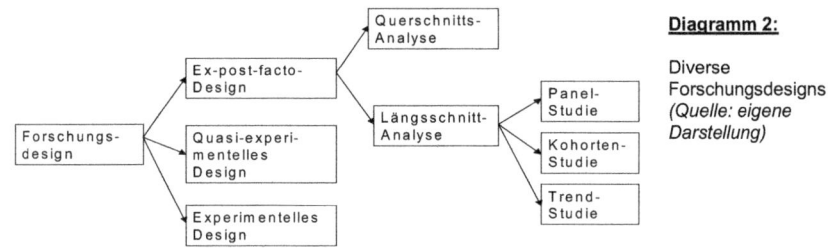

Diagramm 2:

Diverse Forschungsdesigns
(Quelle: eigene Darstellung)

II.2 Vorzüge des Panel-Designs und Probleme in der Operationalisierung

Bei Panel-Untersuchungen ist es notwendig, den Personenstand so weit wie möglich konstant zu halten. Dadurch stellt die Panelmortalität durch Tod, Unerreichbarkeit oder Verweigerung der Mitarbeit als erhebliches Qualitätsmerkmal eine der größten, praktischen Erhebungsprobleme dar[11]. Um dem entgegen zu wirken, ist ein hoher Grad an „Panelpflege" sowie ein hoher Stichprobenumfang notwendig, was die Erhebungskosten im Vergleich zu einer Querschnittsanalyse stark ansteigen lässt. Dem hinzu kommen „Paneleffekte", welche die Veränderung der Einstellung der Untersuchungsobjekte u.a. auch durch die wiederholte Teilnahme selbst abbilden. Darüber hinaus kann neben Sprachschwierigkeiten und unwahrer Beantwortung je nach Art des Interviews auch eine „Ja-Sage-Tendenz" beobachtet werden[12]. Bei Erhebungen, die bereits seit mehreren Jahrzehnten durchgeführt werden, stellt sich häufig auch die Frage, ob auf Grund des wissenschaftlichen Fortschrittes genauere Methoden

[10] Vgl.: Nohlen, Dieter (2005): Lexikon der Politikwissenschaft - Theorien, Methoden, Begriffe, Band 2: N-Z, München, S. 645
[11] Vgl.: Rendtel, Ulrich (1988): Eine Analyse der Antwortausfälle beim Sozio-ökonomischen Panel in der 2. und 3. Befragungswelle, in: *Vierteljahreshefte zur Wirtschaftsforschung*, Berlin, S.37-8
[12] Vgl.: Dees, Werner/Wenzig, Claudia (2003): Das Nürnberger Kinderpanel – Untersuchungsdesign und Deskription der Untersuchungspopulation, Nürnberg, S. 7

die Althergebrachten ersetzen sollten. Auch der semantische Gehalt der Formulierungen variiert in Befragungen von Dekade zu Dekade nicht unerheblich. Trotz der methodischen Probleme lassen sich auf Grund der wiederholten Erhebungen wesentliche und aussagekräftige Daten erfassen, die ein Querschnitt nicht abbilden kann.

Im Vergleich der Erhebungswellen untereinander lassen sich intraindividuelle und interindividuelle Ergebnisveränderungen feststellen, d.h. es kann zwischen Veränderungen bei einem Individuum und den Veränderungen des Aggregats auf gegebene Variablen unterschieden werden[13]. Unter Inter- und Intra-Kohortenvergleichen stellt man hingegen Mitglieder unterschiedlicher Kohorten gegenüber oder untersucht den zeitlichen Verlauf bestimmter Merkmale innerhalb einer Kohorte. Kohorten können u.a. auch dadurch gebildet werden, indem man bei der wiederholten Befragung noch weitere Personenkreise in die Erhebung mit einschließt, die einen anderen Jahrgang repräsentieren. Gegenüber einfacher Paneluntersuchungen kommen hier mögliche Kohorteneffekte (Effekte durch eine sich ändernde Umwelt), Lebenszykluseffekte (Effekte durch ein zunehmendes Alter) und Periodeneffekte (historisch bedingte Effekte) hinzu.

II.3 Die Elemente eines Panels

Die vollständige Definition eines Panels erlaubt die Untergliederung in vier Elemente[14]. Die *Grundgesamtheit* grenzt eindeutig mit Hilfe vorgegebener Kriterien ab, ob eine Person oder ein Haushalt in das Beobachtungsfeld fallen, über das Aussagen gemacht werden soll. Im Falle des SOEP kann man „die Wohnbevölkerung Deutschlands ab 16 Jahren"[15] als Grundgesamtheit betrachten, jedoch darf man weitere Ausnahmen nicht außer Betracht lassen. Die *Stichprobe* bildet einen Teil der Grundgesamtheit ab und gilt als repräsentativ, wenn von der Stichprobe im Prozess der *Hochrechnung* wieder

---

[13] Vgl.: Schnell/Hill/Esser (2005), S. 238
[14] Vgl.: Günter/Vossebein/Wildner (1998), S. 6
[15] Rosenblath/Stocker (2004), SOEP Online – Pilotstudie 2004, Methodenbericht, S. 12
(http://www.diw.de/documents/dokumentenarchiv/17/44451/meth_2004_online.pdf)

Rückschlüsse auf die Grundgesamtheit möglich sind[16]. Können aus der Stichprobe die Werte für die Grundgesamtheit „hinlänglich genau" geschätzt werden, kann sie als reliabel, bzw. verlässlich angesehen werden. Die *Erhebung* erfasst die Variablen der erwünschten Sachverhalte mit Hilfe der Erfassungsmethode (z.B. aktiv durch Befragung einer Person, passiv durch Beobachtung von Verhaltensweisen).

---

[16] Vgl.: Kromrey, Helmut, (1998), Empirische Sozialforschung: Modelle und Methoden der Datenerhebung und Datenauswertung., 8. Aufl., Opladen, S. 259

III.1 Das Sozioökonomische Panel

Das Sozioökonomische Panel (SOEP) wird in Deutschland seit 1984 erhoben und ist auf Grund der langen Laufzeit und deutschlandweit repräsentativer Daten eine wichtige Grundlage für wissenschaftliche Analysen. Auf die erfassten Haushalte fallen im Moment bis zu 25000 Personen[17]. Dank der heterogenen und überregionalen Auslegung der Befragung ergeben sich für die Analyse des hier behandelten Themenfelds viele Vorteile, jedoch gehen die einzelnen Gebiete auf Grund der breiten Auslegung des Panels im Hinblick auf viele Forschungsgebiete nur unzureichend in die Tiefe. Erst seit kurzem wird dem interdisziplinären Ruf einer Anpassung an erziehungswissenschaftlicher, soziologischer und psychologischer Forschungsverwendung Rechnung getragen.

Durch das partielle Hinaustreten aus einer reinen Haushaltsstichprobe wird künftig auch die Lage der Kinder als direkte Untersuchungsperson stärker unter Betracht genommen. Darüber hinaus bietet das SOEP durch Abdeckung eines breiten, entwicklungsbeeinflussenden Umfeldes ein größer werdendes Spektrum der Analyse von Ursache-Wirkungsbeziehungen für unser Themenfeld. Auf Grund des Haushaltskontextes können bereits seit Beginn der Studie Kinderbetreuung inkl. Zeitaufwand, Betreuungspersonal, genutzte Bildungszuschüsse, schulischer Werdegang etc. eingesehen und im Kohorten- oder Regionalvergleich abgebildet werden. Der Fokus bei der Analyse der Entwicklungsprozesse in der frühen Kindheit sollte sich jedoch nicht auf familiäre Prozesse beschränken[18].

Erstmals im Jahre 2003 wurde der Fragebogen „Mutter und Kind" im Rahmen des Mikrozensus bei allen schwangeren Frauen, die im Jahre 2004 gebaren, eingesetzt und wird seit dort jährlich verwendet. Die Fragen erstrecken sich über Geburt, Zustand des Neugeborenen und Diagnosen, der Schwangerschaft allgemein und Wohlbefinden sowie Lebenssituation. Für jede

---

[17] Vgl.: Lohmann/Spieß/Groh-Samberg (2008), S. 9
[18] Vgl.: Ebenda, S. 20

Kohorte wird im Abstand von ca. 2-3 Jahren ein altersnormierter Fragebogen nachgelegt, um die Entwicklung und Altersfertigkeiten festzuhalten. In dem zweiten Fragebogen wird u.a. näher auf Temperament und adaptives Verhalten mit Hilfe der Vineland Social Maturity Scale (VSMS) eingegangen. Die dritte Befragung wurde erstmalig 2008 durchgeführt, u.a. fanden sich ein Big-Inventory-Test mit 10 Items, einem Persönlichkeitstest orientiert an dem Five Factor Model (FFM) nach Thurstone und ein Strength and Difficulties Questionaire (SDQ) in dem Fragenkatalog[19,20,21]. Ein erheblicher Schwachpunkt des SOEP wurde somit korrigiert, nämlich dass die Mutter als Proxy fungiert und die Variablen somit indirekt erfasst werden und nicht auch das Kind selbst in die Befragungen einbezogen wird.

Seit 2001 gibt es einen biographischen Fragebogen, der Jugendliche retrospektiv über die Kindheit befragt und den bisherigen Lebenslauffragebogen ergänzt. Der Übergang von Schule in die Ausbildung ist somit nun ebenfalls direkt dokumentiert. Jedoch besteht bei einer retrospektiven Befragung immer die Gefahr von Erinnerungsfehlern des Untersuchungsobjektes[22]. Der Jugendfragebogen erhebt des weiteren Daten zu Persönlichkeitsmerkmalen, Risikoneigung, Bildungsaspiration, Zukunftsaussichten. Seit 2005 wird zudem versucht, die kognitive Intelligenz von Jugendlichen mit Hilfe eines Intelligence Structure Tests (IST-2000R) zu erfassen[23]. Alle übrigen Standartfragen zu Kindern bis 16 Jahren (soziale und ethische Herkunft sowie das weitere Umfeld) lassen sich aus dem Haushaltsfragebogen übernehmen.

---

[19] Vgl.: Thurstone, Louis Leon (1934): The vectors of the mind, in: *Psychological Review*, Volume 41, Washington DC, S. 13-4
[20] Vgl.: Schmiade, Nicole/Spieß, C. Katharina/Tietze, Wolfgang (2008): Zur Erhebung des adaptiven Verhaltens von zwei- und dreijährigen Kindern im Sozioökonomischen Panel (SOEP), Berlin, S. 3
[21] Vgl.: Goodman, Robert (2001): Psychometric Properties of the Strengths and Difficulties Questionnaire, in: *Journal of the American Academy of Child and Adolescent Psychiatry*, Volume 40, Baltimore Md., S.1337
[22] Vgl.: Nohlen, (2005), S. 645-6
[23] Vgl.: Solga, Heike (2006): The „Discovery" of Youth's Learning Potential Early in the Life Course - Project description, research questions, methods and design, Göttingen, S.8

III.2 Das Kinderpanel des Deutschen Jugendinstituts

Das Kinderpanel des Deutschen Jugendinstituts (DJI) erfasst Kinder und Eltern der beiden Altersgruppen ausgehend zwischen 5 bis 6 und 8 bis 9 Jahren jährlich in drei aufeinanderfolgenden Erhebungswellen. Die Wahl der Altersgruppen ergab sich aus der Absicht, den Übergang in die Grundschule und in die Sekundarstufe I zu dokumentieren. Befragt werden hauptsächlich Mutter und Kind (einige Väter werden als Kontrollvariable erfasst, diese gilt inzwischen als vernachlässigbar), in den ersten beiden Jahren der jüngeren Kohorte werden die Fragen über die Mutter als Proxy-Variable erfasst. Die bereinigte Ausschöpfungsquote der gesamten Studie liegt bei 54,1% bei mind. 1000 Müttern und Kindern je Kohorte, was die Anzahl der verwendeten in Relation zu der Anzahl der versuchten Interviews bezeichnet[24]. Die Auswahl der teilnehmenden Familien über das Einwohnermeldeamt lief über 105 Sample Points aus 100 Gemeinden mit jeweils 100 Adressaten, die zu Teilstichproben mit jeweiliger Repräsentativität der Grundgesamtheit eingeteilt wurden[25].

Inhaltlich beschäftigen sich die Interviews mit harten und weichen Daten zur ökonomischen Situation der Familie, sowie Abschnitten zur Erfassung des sozialen Kapitals (u.a. über die Geschwisterbeziehung und mit Hilfe des Coleman-Kapitals, einem Rating über das Peernetz des Kindes), Wohlbefinden, institutionelle und infrastrukturelle Rahmenbedingungen (Schule etc.) und Verhaltens- und Charaktermerkmalen[26,27,28]. Viele wichtige Auswertungen im Längsschnitt stehen für kausale Zusammenhänge und Entwicklungen noch aus. Die Publikationen des DJI beinhalten seit 2004 auch Daten von Jugendlichen ab 12 Jahren, die Grundlage hierfür sind jedoch Surveys mit wechselndem Personenkreis.

---

[24] Vgl.: Alt/Schneider/Steinhübl (2004), S. 105
[25] Vgl.: Ebenda, S. 106
[26] Deutsches Jugendinstitut: Inhaltliche Schwerpunkte (http://www.dji.de/cgi-bin/ inklude.php?inklude=kinderpanel/highlights/Methoden/schwerpunkte_head.htm)
[27] Vgl.: Marbach, Jan H. (2005): Soziale Netzwerke von Acht- bis Neunjährigen, in: Alt, Christian (Hrsg.): Kinderleben – Aufwachsen zwischen Familie, Freunden und Institutionen, Band 2: Aufwachsen zwischen Freunden und Institutionen, Wiesbaden, S. 104
[28] Vgl.: Alt, Christian/Quellenberg, Holger (2005): Daten, Design und Konstrukte – Grundlagen des Kinderpanels, in: Kinderleben – Aufwachsen zwischen Familie, Freunden und Institutionen, Band 1: Aufwachsen in Familien, Wiesbaden, S. 278

III.3 Das Nürnberger Kinderpanel

Das Nürnberger Kinderpanel erfasst Kinder für die Teilnahme an der 1. Welle anhand kürzlich abgeschlossener Einschulungsuntersuchungen. Die insgesamt 3 Wellen folgen im Abstand von jeweils 2 Jahren, zur Panelpflege und für Erweiterungen werden dazwischen Kurzinterviews geführt. Gefragt werden bei jeder Welle die Eltern und ab der 2. Welle auch die Kinder selbst. Kernpunkt der Analyse ist die Beschreibung des Gesundheitszustandes der Kinder, deren Wohlbefinden und die Abhängigkeit des Wohlbefindens von der Gesundheit selbst[29]. Erfasst werden jedoch auch hier sozioökonomische Aspekte, die Freizeitgestaltung und vieles mehr. Neben den gewonnenen Paneldaten werden auch einmalig thematische Schwerpunkte erfasst, wie z.B. die Verunfallung der Kinder bei der zweiten Welle. Den Großteil der Längsschnittdaten bilden eine Untersuchung durch das Gesundheitsamt bei der 3. Welle unter Hinzunahme des Statistikbogens der Einschulung.

Nach der 2. Welle konnte eine Stichprobenausschöpfung von 44% ermittelt werden, die sich auf eine Grundgesamtheit von 791 bezieht[30]. Dieses schlechte Abschneiden lässt sich vermutlich dadurch erklären, dass die 1. Befragung an die Einschulungsuntersuchung gebunden ist und sich die Eltern dort durch ein Framing zur Teilnahme verpflichtet fühlen, sich aber dann gegen eine weitere Teilnahme an der Erhebung entscheiden[31]. Auch die Repräsentativität der Studie für die Grundgesamtheit aller eingeschulten Nürnberger Kinder zeigt bei einigen Kriterien Mängel auf (Alter, Nationalität)[32]. Wie z.B. auch das „Siegener Kindersurvey" ist die Nürnberger Erhebung eine hauptsächlich themenbezogene Studie, die jedoch durch ihre regionale Begrenzung keine Rückschlüsse auf das Bundesgebiet zulässt.

---

[29] Vgl.: Bacher, Johann/Gürtler, Christoph/Leonhardi, Angelika/Wenzig, Claudia/Wittenberg, Reinhard (1999): Kinderpanel - Zielsetzungen, theoretisches Ausgangsmodell, methodische Vorgehensweise sowie wissenschaftliche und praktische Relevanz, Nürnberg, S. 3
[30] Vgl.: Kuhnke, Ralf (2005): Methodenanalyse zur Panelmortalität und Übergangspanel, München, S.11-2
[31] Vgl.: Dees / Wenzig (2003), S. 13
[32] Vgl.: Ebenda, S.9-11

IV.1 National longitudinal survey of children and youth (Kanada)

Die Studie des Human Resources Development Canada (HRDC) und des Amtes Statistics Canada hat inzwischen einen Teilnehmerkreis in Höhe von 37655 Personen[33]. Seit der 1. Welle im Jahre 1994, welche Kinder im Alter von 0-11 Jahren erfasste, sind bei den zweijährigen Wellen immer mehr Kohorten hinzugenommen worden. Die mittlerweile erwachsen gewordenen Teilnehmer werden noch immer in der Stichprobe belassen und bilden einen eigenen Längsschnitt. Somit gibt es neben der ursprünglichen Kohorte, auf die die Fragen immer altersentsprechend angepasst werden (z.B. lösen Fragen zur politischen Bildung, Einkommensbezug und Stressbewältigung die Fragen ab, die auf das Kindesalter zugeschnitten waren), auch noch viele kleinere, neu hinzugekommene Kohorten, welche die gleichen Befragungen jeweils 2 Jahre versetzt durchlaufen[34]. Die Interviews werden zum Teil im Computer Assisted Personal Interview-Stil (CAPI) geführt und die Daten werden von Eltern, Lehrern oder den Kindern selbst (ab einem Alter von 10 Jahren) durchgeführt[35,36]. Einer der Schwerpunkte der Studie befindet sich darin, unterschiedliche biologische, ökonomische und soziale Entwicklungen in der Kindheit künftigen Einkommensunterschieden im Erwachsenenalter zuzuordnen[37].

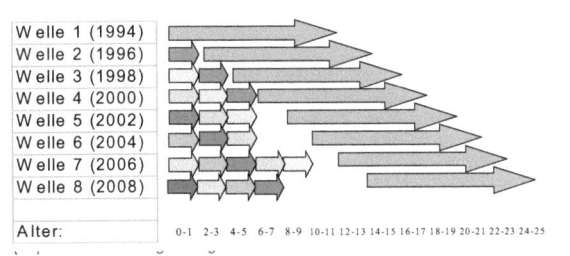

Diagramm 3:

Die Kohorten (gleiche Farbe = gleiche Kohorte) des National longitudinal survey of children and youth *(Quelle: eigene Darstellung, nach STATISTICS CANADA)*

Welle 1 (1994)
Welle 2 (1996)
Welle 3 (1998)
Welle 4 (2000)
Welle 5 (2002)
Welle 6 (2004)
Welle 7 (2006)
Welle 8 (2008)
Alter: 0-1 2-3 4-5 6-7 8-9 10-11 12-13 14-15 16-17 18-19 20-21 22-23 24-25

p2SV.pl?Function=getSurvey&SDDS=4450&lang=en&db=imdb&adm=8&dis=2)

[34] Vgl.: Statistics Canada (2008): Windows of the National Longitudinal Survey of Children and Youth, Summer 2008, Volume 2, S. 8
[35] Vgl.: DeutschesJugendinstitut: Internationale Längsschnittstudien im Vergleich (http://www.dji.de/dasdji/thema/0312/tabelle2.pdf), S.1
[36] Vgl.: Statistics Canada (2001): National longitudinal survey of children – Overview of survey instruments, Ottawa, S.7
[37] Vgl.: Ebenda, S.8

IV.2 Child development supplement (U.S.A.)

Die Child Development Supplement-Studie (CDS) ist ein Teil der Panel Study of Income Dynamics (PSID) der Universität von Michigan, welche seit 1997 im Abstand von 5 Jahren durchgeführt wird[38]. Die Familien selbst sind aus der PSID (vergleichbar mit dem deutschen SOEP) genommen und die befragten Kinder werden im Erwachsenenalter durch die Gründung eines neuen Haushalts wieder in die Befragungen des PSID integriert. Neben den Standart-Interviews wird akribisch genau die Zeitverwendung der Kinder erfasst und nach Tätigkeiten, Häufigkeit und Dauer dokumentiert. Zusammenfassend werden über die Daten des PSID hinaus altersabhängige Bewertungen über kognitive Fähigkeiten, Verhalten und Gesundheit gesammelt[39]. Die Interviews mit den Müttern sind face-to-face, die mit den Vätern werden im Computer Assisted Telephone Interview-Stil (CATI) geführt und an die Lehrer werden Fragebögen verteilt. Bereits von jüngeren Kindern werden Vokabel- und Rechentests, u.a. nach Woodcock-Johnson bearbeitet[40]. Publikationen auf Datenbasis des CDS beschäftigen sich u.a. mit den Auswirkungen der Zeitverwendung auf die Entwicklung oder der Abhängigkeit der Entwicklung vom Erziehungsstil.

---

[38] Vgl.: U.S. Department of Health and human services: Panel study of income dynamics child development supplement (PSID-CDS) (http://www.acf.hhs.gov/programs/opre/other_resrch/eval_data/reports/common_constructs/com_appb_incdyn.html)
[39] Vgl.: Hofferth, S./Davis-Kean, P./Davis J. et. al. (1997). Child Development Supplement to the Panel Study of Income Dynamics: 1997 user guide, Ann Arbor (http://www.isr.umich.edu/src/child-development/usergd.html)
[40] Vgl.: Institute for Social Research, The: The Panel Study of Income Dynamics Child Development Supplement: User Guide for CDS-II, S.6 (http://psidonline.isr.umich.edu/CDS/cdsii_userGd.pdf)

V.1 Gemeinsamkeiten und Besonderheiten der Panels

Betrachtet man die fünf o.g. Panels vergleichend, lassen sich zunächst einige Gemeinsamkeiten feststellen. Panels, die in ihrem Informationsgehalt sehr heterogen ausgelegt sind wie das SOEP und die PSID können viele Daten über die soziale Herkunft und familiären Hintergründe liefern. Gerade hier können viele Abhängigkeiten der Entwicklung von Kindern und Jugendlichen mit dem sozialen und ökonomischen Umfeld gezogen werden.

Panels, die auf einem Themenbezug aufbauen wie z.B. das Nürnberger Kinderpanel (Gesundheit und Vorsorge), nehmen solche grundlegenden Daten nur zur Einbettung auf. Somit sind keine weitreichenden Rückschlüsse auf Veränderungen der Lebenslagen möglich[41]. Für die allgemeine Analyse sozial- und erziehungswissenschaftlicher Fragestellungen, die das Kindesalter betreffen, liefert jedoch das Kinderpanel des DJI einen viel tiefer in die Materie eindringenden Fragenkatalog und bleibt somit unerlässlich. Trotz einiger methodischer Probleme erscheint national durch das SOEP jedoch ebenfalls Potenzial für bundesweite und multigenerationale Analysen vorzuliegen[42]. Durch den Stichprobenzugang über die Haushalte bleibt die weitreichendste Repräsentation der Grundgesamtheit erhalten. Weitere themenbezogene deutsche Studien, die dem Nürnberger Kinderpanel und der Studie des DJI ähneln, liegen umfangreicher vor als man zunächst vermuten mag. Ein unzureichender Informationsgehalt über das Wohlbefinden im Kindesalter (LBS-Kinderbarometer), Jugenddelinquenz (Etude longitudinal de experimental the Montreal – ELEM) oder Gesundheit und Ernährung (Avon Longitudinal Study of Pregnancy and Childhood - ALSPAC) u.v.m. waren Anlass für die steigende Anzahl der Erhebungen. Umfang und Qualität des Datenmaterials sind hierbei genau so unterschiedlich wie die Designs der Studien. Hauptgrund hierfür sind die Heterogenität der Forschungsdisziplinen und weitere Beweggründe der beauftragten Institution.

---

[41] Vgl.: Alt (2005), S. 17
[42] Vgl.: Lohmann/Spieß/Groh-Samberg (2008), S. 7

Studie	Größe der Stichprobe	Laufzeit	Methoden	Schwerpunkte	kritische Würdigung
Das sozioökonomische Panel	n=bis 11000 Kinder seit Beginn (2300 Lebenslauf-Frageb. / 1250 Mutter/Kind-Frageb.)	seit 1984 / Jugend-Fragebogen seit 2001 / Mutter und Kind-Fragebogen seit 2003	Methodenmix (Interview mit Mutter und Kind, retrospektive Betrachtung, Big-Inventory-Test, VSMS, Fragebögen age-triggered)	Entwicklung, Verhalten, Persönlichkeit, kognitive Intelligenz, Lebenslauf (retrospektiv), Risikoneigung, Bildung	Repräsentierung der Gesamtbevölkerung (+) / hohe Stichprobe (+) / andauernde Erweiterungen (+) / lange Laufzeit (+)
Das Kinderpanel (Deutschen Jugendinstituts)	n=2190 Kinder	seit 2002 Start mit 2 Kohorten mit unterschied-lichem Alter, 3 Wellen	Face-to-face Interviews mit Mutter und Kind (ab 8 Jahren), Postfragebogen mit einigen Vätern (Kontrollvariable)	Übergänge zu Grundschule und Sekundarstufe I dokumentieren, Verhalten, soziales Kapital	Repräsentativ für gleichaltrige Gesamtbevölkerung (+) / Einbindung neuester sozialwiss. Methoden (+) / Informationsgehalt höher als bei SOEP (+)
Das Nürnberger Kinderpanel	n=865 Kinder	seit 2000, 3 Wellen im 2-jährigen Turnus	Face-to-face interviews mit Mutter und Kind (ab 2. Welle), telefonische Kurzinterviews zwischen Wellen	Gesundheit, Wohlbefinden, Verunfallung, sozio-ökonomische Aspekte, Freizeit	medizinische Daten als Grundlage (+) / regional begrenzt (-) / geringe Ausschöpfungs-quote (-)
National longitudinal survey of children and youth (Kanada)	n=37655 Kinder und junge Erwachsene	seit 1994, 2-jähriger Turnus	Fragebögen mit Kindern (ab 10 Jahren) und Lehrern, CAPI	soziale und psychische Entwicklung, Familie und Peers	hohe Stichprobe (+)
Child Development Supplement (U.S.A.)	n=3600 Kinder	seit 1997, 5-jähriger Turnus	Fragebögen mit Kindern (Tests u.a. Woodcock-Johnson), Face-to-face interviews mit Müttern, CATI mit Vätern, Fragebögen mit Lehrern	kognitive Entwicklung, Verhalten, Gesundheit, Zeitverwendung	Repräsentierung der Gesamtbevölkerung (+)

Tabelle 1:

Vergleich der betrachteten Kinder- und Jugendpanels, (Quelle: eigene Darstellung, in Anlehnung an http://www.dji.de/dasdji/thema/0312/tabelle2.pdf)

V.2 Verbesserungsvorschläge für das Sozioökonomische Panel

Durch die andauernden Anpassungen dürfte das SOEP auch in Zukunft eines der wichtigsten Datenquellen für Untersuchungen über die Situation von Kindern und Jugendlichen sein. Jedoch lassen sich nicht alle wünschenswerten Bereiche damit abbilden. Ein großer Nachteil stellt der Mangel in der „Erfassung von Eigenschaften von Bildungsinstitutionen"[43] dar, welche bereits in der Erhebung des DJI erheblich umfangreicher ausfallen. Da Schwierigkeiten bei der Datenaufbereitung bestanden, ist auch keine umfassende Angabe zu Ausbildungsabschlüssen möglich. Gerade der gestiegene Bekanntheitsgrad der PISA-Studie und ein auf Missstände hinweisender Bildungsbericht des Jahres 2008 lassen vermuten, dass Anpassungen in der Erfassung der Bildungsleistung von Kindern und Jugendlichen bestehen. Da sich jedoch bereits das nationale Bildungspanel National Education Panel Study (NEPS) im Aufbau befindet, ist dies bislang nicht der Fall.

Im Allgemeinen wäre es sehr wünschenswert, alle relevanten Gebiete der themenbezogenen Befragungen auch in das SOEP einzubinden. Dies wäre auf Grund des Umfanges jedoch den teilnehmenden Personen nicht zumutbar. Bei der direkten Befragung der Kinder wurde auch ersichtlich, dass recht schnell ein Mangel an Konzentration eintritt und hier der Umfang der Fragen überschaubar gehalten werden muss. Insofern kann man es auch als sinnvoll erachten, Erhebungen bei denen es keinen Bezug zu weitreichenden Kontexten des SOEP bedarf, nicht zu integrieren und eigene Studien mit anderen Personenkreisen zu entwerfen. Auch hier sollte Wert darauf gelegt werden, dass die Stichprobe repräsentative Daten für das Bundesgebiet liefert und keine wichtigen Variablen signifikant abweichen, da nur mit verlässlichen Daten ein höchst möglicher Informationsgrad geliefert und Beratung zur Familienpolitik betrieben werden kann.

---

[43] Lohmann/Spieß/Groh-Samberg (2008), S. 38

Literaturverzeichnis

Alt, Christian/Schneider, Susanne/Steinhübl, David (2004): Das DJI-Kinderpanel – Theorie, Design und inhaltliche Schwerpunkte, in: *Zeitschrift für Familienforschung*, Heft 2/2004, S.101-110.

Alt, Christian (2005): Das Kinderpanel - Einführung, in: *Kinderleben – Aufwachsen zwischen Familie, Freunden und Institutionen, Band 1: Aufwachsen in Familien*, Wiesbaden, S. 7-22

Alt, Christian/Quellenberg, Holger (2005): Daten, Design und Konstrukte – Grundlagen des Kinderpanels, in: *Kinderleben – Aufwachsen zwischen Familie, Freunden und Institutionen, Band 1: Aufwachsen in Familien*, Wiesbaden, S. 277-303

Bacher, Johann/Gürtler, Christoph/Leonhardi, Angelika/Wenzig, Claudia/Wittenberg, Reinhard (1999): Kinderpanel - Zielsetzungen, theoretisches Ausgangsmodell, methodische Vorgehensweise sowie wissenschaftliche und praktische Relevanz, Nürnberg

Dees, Werner/Wenzig, Claudia (2003): Das Nürnberger Kinderpanel – Untersuchungsdesign und Deskription der Untersuchungspopulation, Nürnberg

Deutsches Jugendinstitut: Inhaltliche Schwerpunkte (http://www.dji.de/cgi-bin/ inklude.php?inklude=kinderpanel/highlights/Methoden/schwerpunkte_head.htm)

Deutsches Jugendinstitut: Internationale Längsschnittstudien im Vergleich (http://www.dji.de/dasdji/thema/0312/tabelle2.pdf)

Galtung, Johan (1967): Theory and Methods of Social Research, Oslo

Goodman, Robert (2001): Psychometric Properties of the Strengths and Difficulties Questionnaire, in: *Journal of the American Academy of Child and Adolescent Psychiatry*, Volume 40, Baltimore Md., S.1337-45

Günter, Martin/Vossebein, Ulrich/Wildner, Raimund (1998): Marktforschung mit Panels: Arten – Erhebung – Analyse – Anwendung, Wiesbaden

Hofferth, S./Davis-Kean, P./Davis J. et. al. (1997). Child Development Supplement to the Panel Study of Income Dynamics: 1997 user guide, Ann Arbor (http://www.isr.umich.edu/src/child-development/usergd.html)

Institute for Social Research, The: The Panel Study of Income Dynamics Child Development Supplement: User Guide for CDS-II, (http://psidonline.isr.umich.edu/CDS/cdsii_userGd.pdf)

Kuhnke, Ralf (2005): Methodenanalyse zur Panelmortalität und Übergangspanel, München

Lazarsfeld, Paul Felix (1962): Die Panel Befragung, in: König, René (Hrsg.): *Das Interview*, 3. Aufl. Köln, S. 253-68

Lohmann, Henning/Spieß, C. Katharina/ Groh-Samberg, Olaf/Schupp, Jürgen (2008): Analysepotenziale des Soziooekonomischen Panels (SOEP) für die empirische Bildungsforschung

Marbach, Jan H. (2005): Soziale Netzwerke von Acht- bis Neunjährigen, in: Alt, Christian
(Hrsg.): *Kinderleben – Aufwachsen zwischen Familie, Freunden und Institutionen, Band 2: Aufwachsen zwischen Freunden und Institutionen*, Wiesbaden, S. 83-121

Nohlen, Dieter (2005): Lexikon der Politikwissenschaft - Theorien, Methoden, Begriffe, Band 2: N-Z, München

Rendtel, Ulrich (1988): Eine Analyse der Antwortausfälle beim Sozio-ökonomischen Panel in der 2. und 3. Befragungswelle. Vierteljahreshefte zur Wirtschaftsforschung, Seite 37-59.

Rosenblath, Bernhard von/Stocker, Andreas (2004), SOEP Online – Pilotstudie 2004, Methodenbericht (http://www.diw.de/documents/dokumentenarchiv/17/44451/meth_2004_online.pdf)

Ryder, Norman B. (1968): Cohort Analysis, International Encyclopedia of the Social Sciences, New York, S. 546-50

Schmiade, Nicole/Spieß, C. Katharina/Tietze, Wolfgang (2008): Zur Erhebung des adaptiven Verhaltens von zwei- und dreijährigen Kindern im Sozioökonomischen Panel (SOEP), Berlin

Schnell, Rainer/Hill, Paul B../Esser, Elke (2005): Methoden der empirischen Sozialforschung, München

Solga, Heike (2006): The „Discovery" of Youth's Learning Potential Early in the Life Course - Project description, research questions, methods and design, Göttingen

Statistics Canada (2001): National longitudinal survey of children – Overview of survey instruments, Ottawa

Statistics Canada (2008): Windows of the National Longitudinal Survey of Children and Youth, Summer 2008, Volume 2

Statistics Canada: National Longitudinal Survey of Children and Youth (NLSCY) (http://www.statcan.gc.ca/cgi-bin/imdb/p2SV.pl?Function=getSurvey&SDDS=4450&lang=en&db=imdb&adm=8&dis=2)

Thorne, B. (1985). Putting a Price on Children, in: Contemporary Sociology. 14/6, S.695-698

Thurstone, Louis Leon (1934): The vectors of the mind, in: *Psychological Review*, Volume *41*, Washington DC, S. 1-32.

U.S. Department of Health and human services: Panel study of income dynamics child development supplement (PSID-CDS) (http://www.acf.hhs.gov/programs/opre/other_resrch/eval_data/reports/common_constructs/com_appb_incdyn.html)

Für die Online-Recherche von Teil IV gilt: letzter Zugriff am 29.10.2008